儿童与宠物安全陪伴教育读本

如何与狗狗安全相处

本书编写组 编著

中国农业出版社

图书在版编目（CIP）数据

如何与狗狗安全相处/《如何与狗狗安全相处》编写组编著.
—北京：中国农业出版社，2018.1
（儿童与宠物安全陪伴教育读本）
ISBN 978-7-109-23392-8

Ⅰ．①如…　Ⅱ．①如…　Ⅲ．①犬–驯养–安全教育–儿童读物
Ⅳ．①S829．2-49②X956-49

中国版本图书馆CIP数据核字（2017）第235435号

中国农业出版社出版
（北京市朝阳区麦子店街18号楼）
（邮政编码 100125）
责任编辑　周锦玉　张艳晶

北京中科印刷有限公司印刷　新华书店北京发行所发行
2018年1月第1版　2018年1月北京第1次印刷

开本：787mm×1092mm　1/16　印张：3
字数：80千字
定价：14.80元
（凡本版图书出现印刷、装订错误，请向出版社发行部调换）

编委会

主　任

韦海涛

副主任

陈　峤　沈瑞洪　黄向阳　王　滨

委　员

句志芳　王　悦　张　弼　赵　琳　苗　燕　沈佳卉　寇文峰　钟世云

白雅静　赵　静　贺芊羽

插　画

苏　凝

前　言

　　犬是人类最亲密的伙伴，在人类社会中一直承担着非常重要的角色。近年来，随着国内社会经济的发展，城市化进程的加快，以及人们生活水平的提高，越来越多的犬作为宠物走进了千家万户，也成了许多孩子朝夕相处的伙伴。

　　孩子们大多与犬有着天然的亲密感，养犬对孩子的成长有着诸多的好处，可以培养孩子的自信心、责任心、同情心，帮助孩子建立起更好的社会关系，提升情感满意度。然而，在实际生活中，无论是在家与犬相处，还是在外和犬相遇，如果缺乏系统的安全知识，不遵守基本的行为规则，都可能引发安全问题。

　　本书的编写汇集了动物行为学、教育学、兽医学等各方面的专家，旨在为教育工作者、社会工作者、家长及孩子提供专业性强又通俗易懂的辅导读物，引导孩子在实践中逐步树立"关爱动物，善待生命，文明养犬，做负责任的小主人"的观念；并让孩子能够正确对待生活中遇到的犬只，预判可能存在的危险，掌握安全自护的方法，真正让孩子与犬能够安全和谐相处。

本书编委会

目 录

一、狗狗的起源

首先让我们说说狗是一种什么动物？

狗（中文亦称"犬"）是人们生活的好帮手，它们的驯养始于史前时代。也就是人类还没有想到应该把自己的社会活动记载下来的时候，狗就和人类一起生活了。那么狗到底是从什么时间开始正式进入人类的生活中呢？

　　科学家在对来自于欧洲、亚洲、非洲和北美洲的上百只狗进行 DNA 分析后发现，世界上所有狗的基因都有着相似的序列，因此他们得出结论，世界上所有的家狗都是在 1 万～1.4 万年前，从东亚狼驯化而来的。这些动物变得温驯，而人类也开始学着管理、选育它们的品种。

二、犬的种类特征

犬是世界上体型相差最大的动物

犬的外貌千差万别，看了这几张图片大家就会有所了解。按照身高和体重来分类，可以将犬分为超大型犬、大型犬、中型犬和小型犬。大型犬通常指体高在61厘米以上、体重在20千克以上的犬类。很多超大型犬的体重已经超过75千克。

一般情况下犬的寿命是10～15年，小型犬比大型犬更长寿些。

① 又高又壮型

这是三种超大型犬。大家都认识吗？这三种犬的成年公犬体重都能达到100千克哦！而且这三种犬都来自高原地区，生活的条件很恶劣。关于它们，在发源地都有很多的传说——高加索犬救主；圣伯纳犬帮助独自在风雪的大山中迷路遇险的人们；藏獒是藏区人民最好的伙伴，保护着藏区人民的牛羊。

高加索犬

圣伯纳犬

藏獒

雪山上的守护神

上面介绍的这三种高大威猛犬还有一个共同的特点，就是人们用它们生活的地区给它们起了名字！圣伯纳犬因阿尔卑斯山上的圣伯纳修道院而得名。僧侣们训练温柔又有力量的"大个子"担任山地向导并从事搜救工作。圣伯纳犬虽然个子大，但性格却十分温和，它们具有奉献精神，因此也被人们称颂为雪山上的"守护神"。

② 又帅又高型

这也同样是三种大型犬。大家看看跟上组相比在长相上区别大不大？这三种犬都非常勇敢，同时对主人和家庭也特别有感情。它们很强壮，又非常灵活，是特别好的护卫犬。很多人因为它们长得特别帅而选择饲养它们。

大丹犬

狼犬

杜宾犬

优秀的护卫犬

大丹犬、狼犬、杜宾犬都是非常优秀的护卫犬种。这些犬警惕性高、服从性强，它们拥有流畅的身体线条、发达的肌肉和忠实的性格；这些犬身材威猛，很有震慑力，由于承担护卫工作，需要很多的训练，城市中的普通家庭并不适合饲养它们。

③ 可爱萌宠型

　　这三种犬不知道大家是否见过？是不是非常可爱？这三种犬中，吉娃娃犬的体型最小，它们的祖先生活在墨西哥，人们叫它们"南美小辣椒"，它们一激动就浑身抖动，像打冷战一样。泰迪犬是因为它们棕红的毛色酷似一种玩具熊，这小熊的名字就叫做"泰迪"而得名的。泰迪犬的学名为玩具贵宾，贵宾犬有很多种体型，是法国的国犬。博美犬也叫松鼠狗或小狐狸狗，它们特别聪明，最大的特点是爱叫，且叫声很大，别看博美犬个子小，看家护院可灵了，一有风吹草动，马上就会给主人发警报。

博美犬

吉娃娃犬

泰迪犬

适合城市的小型犬

　　在日常饲养及护理方面，小型犬依旧具有很多优点。首先，它们的体型娇小可爱，符合城市养犬法规中肩高35厘米以下的规定，因此并不需要太大的居住与活动空间，即便是住在狭小的公寓也可以拥有它而不觉得拥挤；其次，它们的运动量要求不高，每次外出散步半小时，每天早、晚各一次就可以了；再次，它们的被毛容易整理，像泰迪犬基本上不掉毛，这样就省去了很多麻烦；最后，它们的食量很小，一顿一把狗粮即可，因此它们的饲养费用也比较低。

中国冠毛犬

英国斗牛犬

英国古代牧羊犬

④ 怪里怪气型

中国冠毛犬的名字来源于有人觉得它们头部的毛发很像中国清朝官员们戴的帽子，所以就给它们取了这样的一个名字。这种犬身上没有毛发的保护，夏天要常洗澡，冬天不仅要穿衣服，还要在身体上经常涂抹润肤乳来保护皮肤。

英国斗牛犬经常出现在动画片里，它们看上去很不讲理、爱欺负人。英国斗牛犬的性格很温柔，就是头太大，爱流口水，身体上的皱皱多，容易臭臭的，可很多人就爱它们这个很特别的样子。

英国古代牧羊犬，简称"古牧"，它看上去像一个巨大的毛绒玩具，也是广告界的"大红人"。英国古代牧羊犬是一种以放牧家畜和伴侣宠物为目的而培育的犬种。

古牧为什么没有尾巴

有的小朋友会观察到古牧没有尾巴，这是为什么呢？其实它们刚出生的时候是有尾巴的，但人们会给它们做一个小的手术把尾巴去掉。对于从前以放牧为主的人来说，狼是最可怕的敌人。一般狼群围攻的时候都是从头、尾发起攻击，若要避免犬出现首尾不能兼顾变成狼的食物，就要帮助它们断掉尾巴。现在它们都变成了家里的宝贝，不会再面对狼这么危险的动物了，断尾很残忍，现在的狗狗已经不再实施断尾手术了。

5 特别不听话型

　　阿富汗猎犬是生活在阿富汗高原的古老犬种，它们有很长、很飘逸的毛发，身材非常高大。但这么漂亮的犬却非常不遵从主人的指令。比如驯犬与人握手，也许像泰迪一样聪明的小狗很快就学会了，但阿富汗猎犬却要学很久。阿富汗猎犬之所以这样，并非故意和人作对，这只是它的天性。

　　哈士奇犬是一种中型犬，从前在西伯利亚东北部、格陵兰南部生活。哈士奇的名字来源于其独特的嘶哑叫声。它们仍保持着一种非常像狼的行为，就是喜欢对着月亮发出"呜呜"的叫声。如果在家里狗狗发出这样的叫声，就会打扰到邻居，有时候，主人去制止它们也不听。

阿富汗猎犬　　　　　　　　　　　　哈士奇犬

藏獒

藏獒

　　我们为什么要再次介绍一下藏獒呢？是因为希望你们了解这种狗。这种大狗威风凛凛，是勇敢和了不起的象征，所以有许多人都很喜欢并且乐意饲养它们。但是它们真的不是很好的宠物，很少有藏獒能成为伴侣动物，陪伴我们与我们一起生活。

　　藏獒的品种特点决定了它们不适合与小朋友接触。藏獒的主人也不会轻易让小朋友们靠近。藏獒脾气不好，有攻击性，每年都有藏獒伤人的事件发生。希望大家在见到藏獒时，不要当它们是普通的狗狗去接近。

警戒

起疑心

忧虑

狗狗的肢体语言

让我们看看这些狗狗的表情。大家觉得它们现在心情如何？没错！我们通过狗狗的一些身体语言或表情可以判断它此时心情如何，是不是向我们发出了友好的信号。

平静

有压力

有点紧张

给我空间

盯梢

压力大

听你的

礼貌

好奇

主人　我爱你

取悦你

才能更爱它

感到威胁

生气啦

友好

心情不错

服从

有礼貌

减压中

放轻松

太兴奋

好开心

准备好了

我要吃饭

我是爱你的

享受

继续抓 好舒服

狗狗动作大揭秘

舔自己的鼻子，转移紧张的情绪

狗狗突然高度紧张的时候，为了转移自己的紧张感，会舔舔自己的鼻子。另外，这种行为还用在处理与对方的关系上。"我可不想把我们的关系搞砸！""别生气啊！""请安静下来吧！"这样的行为可起到缓解对方的愤怒情绪与紧张感的作用。

打哈欠，用自己的方式来解除紧张感

当我们在教育自己的狗狗时，可能因为愤怒而时间有点长，这时看起来一点不困的狗狗，会突然频繁打哈欠。这是狗狗在转移自己紧张的情绪。它嗅出了其中的火药味，于是，它想借着打哈欠告诉主人"算了，算了，歇会吧！"

坐下，安静下来观察一下

　　狗狗乖乖坐在那里，一方面是让自己安静下来，仔细观察对手；另一方面也包含了向已经兴奋的对手传达"我丝毫没有敌意，请安静下来"的意思。

趴下，放低姿势表示服从

　　放低姿势，表示服从对方，表达"我不会违背你的"意思。当恐惧与害怕的时候，将自己的身体放低甚至趴下表示服从。

**背过脸去，
用后背冲着你而不靠近
是在回避不安与危险**

　　你有过在对着狗狗大发脾气并强行牵制它时，它转过身体，用后背对着你的经历吗？这是它为了缓解紧张并转移对方的情绪所做出的一种行为。

俯首

　　身体后端抬高，前端俯低时，尾巴会起劲儿地摇动，眼睛也闪闪发亮"一起来玩吧！"如果你表情严肃，它会用特别友善的方式表达，以期引起你的注意，调动你的情绪。

摆尾

很多人认为狗狗摆尾是友善、欢迎的象征，这种说法只答对了一半。狗摆尾可以有两种很极端的意思：第一种是兴奋，我们可以放心与狗狗玩耍；第二种就是警告，尾巴摆动的幅度与第一种有明显的区别，速度相对慢得多，而且尾巴

会竖直，有异于在兴奋状态时尾巴会低于水平线摇摆，此时狗狗有可能会攻击我们。狗狗在感觉恐惧、激动或困惑时，也会摇尾巴。

夹住尾巴

一只受了惊吓的狗狗可能把尾巴低低地夹在两腿之间摇动，这是它在琢磨下一步的行动：我该战斗、逃跑、还是投降？一个愤怒的挑战者往往会高举着快速摇动的尾巴进攻和袭击。但要注意观察

情况：也许它最好的"哥们"刚刚放学归来，也许别的狗狗正在它的碟子里大快朵颐。在搞不清尾巴是否表示欢迎时，还要观察它如何分配身体的重量，挑衅的狗通常会紧张地把身体的主要分量放在前腿上。

翻身

　　如果你的狗狗肚皮朝天，把爪子举向空中，那么它是在表示谦恭与服从。如果它在一只狗面前摆出这个架势，那是在说："我可不想打架，我服了你！"如果这姿势是做给你看，含义可就丰富了。为了逃避一场预料中的训斥，它会翻着肚皮说："我不想惹你生气，请接受我的道歉吧！"为逃避做一件不大情愿的事，它往往也会这样耍赖。更多时候，仰面朝天的狗狗只是想告诉你，在你身边它是多么快乐！

四、儿童与狗狗接触的基本法则

儿童与狗狗永远不能在无人陪伴与监管的情况下相处。自己家庭当中的宠物狗的喂食与玩耍也要在家长的监督下进行。作为家长，要预先考虑到有可能出现的危险情况并避免问题的出现。

当儿童与狗狗接触或共同生活时，需要为孩子制订一些基本的规则。规则十分简单，但要孩子们一直遵守还是有一定的难度。毕竟孩子们喜欢通过触摸去感知所有的事物，而且孩子们有点吵闹和动作快速的特点也会使他们在和动物的接触中造成误会。所以，在和狗狗接触时，成年人的陪伴至关重要！

如何正确与
狗狗接触
★★★★

当我们和一只陌生狗狗接触时，就算收集到一些友好信号也不能够贸然地就跑过去搂抱它们。这种动作会给狗狗造成压力，狗狗不明白你的动机，将会是非常危险的。让我们来学习几条规则来保证自身的安全。

1 先问再摸

　　狗狗性格如何？是不是愿意接受陌生人的触摸？如果我们遇到一只可爱的狗狗，想跟它接近，必须要先询问它的主人，获得主人许可，然后让它慢慢地嗅闻你的手。这样它就能知道你是谁。

　　记住：正确的做法是，狗狗接近你时，你要保持不动，同时慢慢伸出手，握拳，给狗狗嗅闻一下你的手背，动作过程要慢一点哦！

2 不要直视狗狗的眼睛

　　千万不要直视狗狗的眼睛。一直直视一只狗狗的眼睛，会使它们感到非常不舒服，感觉自己受到了威胁。在最初的接触中应移开你的目光，直到它非常了解你，并且相信你。

③ 从狗狗的前方接近它们

永远都要从狗狗的前面接近狗狗。如果从它们身后接近的话，会使狗狗感到非常紧张，出于自我保护的功能，它们有可能会攻击你。所以永远都要从前面接近它们。当狗狗能自然地看到你在接近它们时，它们就不会感到不安。

④ 不要直接触碰陌生狗狗的头部

人们抚摸狗狗时，会下意识地先抚摸狗狗的头部，其实这是因为在潜意识里人还是害怕狗嘴的，即使是再小的狗。所以抚摸狗头部对人来说是比较安全的。但是直接抚摸狗的头部会给狗造成一定的压力。正确的做法是，慢慢伸出手，握拳，给狗嗅闻一下。如果狗狗熟悉了我们，不再感到害怕，我们可以尝试着轻轻抚摸狗狗颈部的侧面。

5 **不要触摸狗狗的敏感部位**

　　请温柔地抚摸狗狗。一般来说，抚摸狗狗，不管是熟悉的还是陌生的狗狗，都应从狗狗不敏感的背部、头部开始，慢慢地向脆弱敏感的部位抚摸，比如腹部、耳根、尾巴、脚尖等，动作应轻柔缓慢，让狗狗彻底放松。如果还没有建立密切的信任关系，就不要强行抚摸狗狗不想让你触碰的地方，而是要慢慢培养感情。

6 **永远不要恶意去逗弄一只狗狗**

　　永远不要恶意去打扰或者逗弄狗狗。特别是流浪、被拴养或者关在栅栏内的狗狗。这些狗狗获得的关爱较少，对人类缺少信任，恶意逗弄会激怒它们，引发较大的伤害。

下图中的狗狗就是一只很热情的狗狗，它站起来用扑的方式跟这个小男孩拥抱。狗狗很热情，这不是坏事，但什么事情过了头就不好了。比如它奋不顾身地扑上来索取拥抱，尤其是那些体重40千克左右的大狗，别说小朋友们了，就是大人也要费相当大的劲儿才能保持身体平衡，不被它们扑倒。也许对于狗狗们来说，这是一种爱和欢迎，但我们可真接受不了！

　　每一只狗狗外出都应该被牵着，不论它们的体型是大是小。但现在有一些主人不愿意这么做。这给不养狗的人或者路过的人带来了困扰。如果一只狗向我们跑过来，先不要慌张，更不要掉头就跑，掉头就跑会让一些喜欢追逐的狗狗感觉你回应了它，它会更开心，以为你和它玩起来了！

　　正确的处理方法是站在原地不动，双手交叉抱在胸前，眼睛往上看，不理它，淡然处之。一般社区里的小型犬都可以采用这种方式对待它们！让它们自讨没趣，也就灰溜溜地走啦！

　　如果遇到这样的狗狗，一定要向它的主人投诉！告诉主人要约束好自己的狗！

哪些狗狗会比较危险？

① 正在进食的狗狗

保护自己的食物是狗狗的本能。一只正在进食的狗狗很容易对触摸它的人发起进攻！

正确做法：

如果狗狗的饭盆中有食物，请不要触摸它们或试图将饭盆拿走。如果狗狗正在进食，此时也不要去打扰它们。

注意：这也适用于正在玩或啃咬玩具的狗狗！

② 正在生病的狗狗

当一只狗饥饿、受伤、生病或情绪焦虑时，一点小小的刺激也会使它们变得敏感，做出不友好的举动。

正确做法：

如果一只狗狗正在经历上述情况，请尽快告诉家长，自己不可以随便大声叫它的名字或触碰它。

3 生了小宝宝的狗狗

在狗狗有了小宝宝（幼犬）时，为了保护自己的孩子，避免任何动物对自己的宝宝造成伤害，狗妈妈有可能做出攻击他人的行为。

正确做法：

请家长把狗狗的窝放置到安静的地方，虽然狗宝宝又萌又可爱，但这个时候我们尽量不要去打扰它们，更不要去观看、触摸幼犬。

4 受到惊吓的狗狗

受到惊吓的狗狗可能会因为害怕而伤害到他人。

正确做法：

不要制造强烈的光线、巨大的声响，避免造成狗狗的紧张。已经受到惊吓的狗狗需要安静舒适的环境来恢复，小朋友们可以请大人来帮狗狗放松，千万不要自己对狗狗进行安抚。

⑤ 正在打架的狗狗

正在打架的狗狗情绪激动，往往因关注对手而忽视周围的一切。

正确做法：

狗狗用打架的方式解决领地、食物、等级这一系列的问题。小朋友们看到有狗打架都会感到紧张，此时千万不要上去帮忙，急着要把它们拉开，因为这时候狗狗兴奋过度，往往会伤害他人。

⑥ 流浪的狗狗

流浪狗容易传播疾病，通常情况下都比较敏感，它们很胆小，情绪不稳定，很容易攻击他人。

正确做法：

如果你想帮助一只流浪狗，需要有科学的救助知识和经验。小朋友们不能向它们近距离投喂食物，更不能直接接触。我们可以向有救助经验的收养流浪动物的组织求助，也可以报警，请警察叔叔对流浪狗进行收容处理。

被拴起来养的狗狗

一只被拴起来或被长期置于笼中的狗较为危险。

正确做法：

被拴起来或被长期置于笼中的狗的领地意识较强，当有人踏入它们的地盘时，它们有可能会做出难以预料的举动。同时这样的狗平时较少获得主人的关爱，缺乏安全感和社会性，是较为危险的。所以千万不要尝试去触摸它们。

 不友好的狗

没有主人牵引，并向人大声吠叫的狗非常危险。

正确做法：

遇到这样的狗狗，即使非常害怕，也不要转头就跑！如果可能的话，尝试着慢慢走开。如果狗非常紧张，用低声咆哮来威胁不让你离开的话，不要直视狗的眼睛，保持镇定，试着求助。

在见到一只不认识的狗时，怎样才是正确的接触方式？现在你已经学习了相关知识，那么检验一下你的学习成果吧。看看以下图片，这些孩子的做法你能看出来他们哪里错了吗？写出来，告诉他们需要怎样处理才能保证他们的安全吧。

1. 从背后接触狗

2. 没有获得主人的许可就触摸别人的爱犬

3. 直视狗的眼睛

4. 逗弄拴着的狗

5. 遇到不友好的狗时转身跑掉

五、人兽共患病的基本常识

狂犬病是一种什么样的病？

　　狂犬病又称恐水症、疯狗病，由狂犬病病毒引起，是一种主要侵犯中枢神经系统、人兽共患的急性传染病。近年来，每年被猫狗咬伤、抓伤的人不在少数，时有狂犬病病例发生的报道，所以十分值得关注哦！

　　狂犬病的感染动物主要有犬、猫、猪、牛，以及一些野生动物（蝙蝠、浣熊、狼、狐狸）。

狂犬病的潜伏期从 5 天至数年不等，通常为 2～3 个月，极少数超过 1 年。

一旦发病，最初症状是发烧、头痛、全身无力、食欲不振、咽喉疼痛，1～2 天后出现特有的恐水、怕风、呼吸困难、吞咽困难等症状，最终往往因为呼吸和循环系统衰竭而死亡。

发展速度快——一旦发作，3～5 天死亡。

病死率高——100%。

狂犬病是最为严重的公共卫生问题之一。

狂犬病的严重性

狂犬病目前还不能治！病死率 100% ！

狂犬病的主要传播途径

咬伤（占大多数）

抓伤

舔舐黏膜破损处

狂犬病可防不可治，那么如何防？

预防方法：
大规模免疫接种最有效

接种程序

四针法 (2-1-1) 程序	五针法程序
于第 0 天分别在左右上臂三角肌各接种 1 剂，此后于第 7 天、第 21 天分别再接种 1 剂	于第 0 天、第 3 天、第 7 天、第 14 天、第 28 天分别接种 1 剂

"一旦咬伤，如何处置？"

立即对伤口进行处理，并去正规医院治疗

对狗——

对疑似狂犬病的犬，送交公安机关的犬类留检所，由动物防疫监督机构进行检疫

伤口处理包括
彻底冲洗、消毒处理和外科处置，
局部伤口处理越早越好

⭐**1** 伤口冲洗：用 20% 的肥皂水（或者其他弱碱性清洁剂）和一定压力的流动清水交替彻底清洗、冲洗所有咬伤和抓伤处至少 15 分钟。

⭐**2** 消毒处理：彻底冲洗后用 2%～3% 碘酒（碘伏）、75% 酒精或其他具有病毒灭活效力的皮肤黏膜消毒剂消毒涂擦或消毒伤口内部。

⭐**3** 外科处置：在伤口清洗、消毒并根据需要使用狂犬病被动免疫制剂至少 2 小时后，根据情况进行后续外科处置。

切断狂犬病的最佳方式

作为一种最古老的动物源性传染病，狂犬病在世界的分布范围很广泛。除南极洲外，全球 150 多个国家和地区都有它的存在。虽然狂犬病的传染源很多，但狗始终是最大的传染源。上面我们告诉了大家如果被狗咬伤应该怎样去做，然而切断狂犬病的传播链条还有更好的办法：那就是给我们的狗狗接种疫苗！据世界卫生组织的研究，在犬群接种率达到 70% 时就可以切断狂犬病在犬类中的传播！如果我们自己养了狗狗，一定要为它定期接种狂犬病疫苗哦！

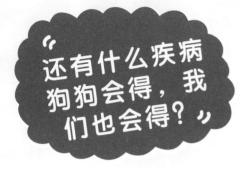

我们与千千万万的动物一同生活在地球这个大家庭中，共同构成了地球上的生物链，狗狗更是与我们人类朝夕相处、亲密无间。和人类一样，它们也有自己的常见疾病。有一些疾病可以从它们身上传染给人类，人类的疾病也同样可以感染它们，这就是我们常说的人兽共患病。

常见的人兽共患病有哪些？

病毒感染类：狂犬病、轮状病毒病、冠状病毒感染等；
真菌感染类：芥癣、真菌性皮炎等；
体内易感染的寄生虫：蛔虫、绦虫、弓形虫、球虫等；
体外易感染的寄生虫：螨虫、跳蚤、虱子等。

向人兽共患病说 NO！

绝大部分狗狗都是健康的生命体，而保证它们的健康恰恰是人类的责任！做好个人卫生和环境卫生是杜绝人兽共患病的有效手段。

我们应该这样做！

1. 尽量避免接触狗狗或其他动物的粪便。
2. 注意狗狗生活用具的清洁消毒。
3. 不与狗狗亲吻、同吃同睡。
4. 保持家居环境空气的新鲜与流通。
5. 要为狗狗注射疫苗，定期驱虫，避免它们与患病的动物接触。
6. 怀疑家中宠物患病时，应及时就医。

判断题

1. 如果得了狂犬病，可以通过打针吃药进行治疗。（　）

2. 狂犬病的主要传播途径包括咬伤、抓伤、舔舐黏膜破损处。（　）

3. 小明在野外逗一只小狗玩耍时被狗抓伤了皮肤，但是没出很多血，小明说："没出血，应该不要紧。"又继续玩去了。（　）

4. 被犬咬伤未注射疫苗，15 年后仍可能因狂犬病发作而死亡。（　）

5. 犬主人要定期给爱犬免疫接种狂犬病疫苗。（　）

六、狗狗能帮助人类做什么?

狗狗工作一:看家、护卫

狗狗工作二:放牧、拉雪橇

狗狗工作三:狩猎

狗狗工作四:
缉毒、防爆、搜救

狗狗工作五:
导盲、导听、介助等

　　2008 年 5 月 12 日，四川省汶川县发生 8.0 级大地震。在灾难面前，我们的忠实朋友——狗，也与我们一起并肩奋战！

　　地震发生后，公安部消防局、国家地震局等有关部门陆续调集全国各地的消防搜救犬、地震救援犬参与救援行动。俄罗斯、日本、荷兰、我国台湾等国家和地区的地震救援组织也派出了搜救犬赶赴四川灾区。截至 5 月 14 日，加上北京、重庆、河北、辽宁、山东等地陆续赶来的搜救犬，地震灾区消防搜救犬数量已达到 66 只。

　　随着救援工作的推进，人们渐渐熟悉了这些来自不同国家和地区的搜救犬，它们奔波忙碌、一刻不得闲的小小身影是如此的无私和无畏，如此令人感动！

　　给大家讲一个地震中发生的真实故事。在都江堰市中心景环路，来自昆明消防支队的 3 只搜救犬迅速爬上一堆废墟之上，开始探索被困人员，这是一座已经被地震夷为废墟的六层单元楼房。搜救犬"昆虎"突然对着一堆砖块狂吠起来，然后挥舞着前爪用力猛挖。救援官兵立即搬来一台听觉生命探测仪，开始对废墟之下的空间进行侦测，但经过 5 分钟的侦测，确认废墟之下没有生还者。然而，事实证明搜救犬的示警是正确的。这时，废墟中突然传来了石块敲击的微弱声音。10 多分钟后，救援人员将一名被困 50 小时的女子从废墟中抬出，送上了救护车。

　　这样的故事发生过很多。这也是人们为什么把狗称之为"人类最好的朋友"的原因。

导听犬
它让世界悦耳动听

1975 年，美国第一只导听犬驯导成功。现今美国每年有超过 400 只的导听犬诞生，像导盲犬一样，它们可以乘坐公共汽车、地铁、飞机等公共交通工具，也可以进入商场、宾馆、医院等公共场所。

1983 年，日本出现首只导听犬。2003 年，日本实行了《身体障碍者辅助犬法》，但因"即使听觉障碍，眼睛还能看得到"等认识普遍存在，导听犬在诞生伊始未能普遍得到人们的理解，随着日本出现导听犬协会，导听犬知识普及工作深入民心，人们开始普遍接受导听犬。

现在，我国北京也有自己的导听犬啦！

导听犬通过触碰帮助主人"听"到各种声音

通过训练记住的声音

· 开水壶的警笛声
· 敲门声、门铃声
· 火警、紧急铃声
· 电话、传真的铃声

· 闹铃声
· 婴儿的哭泣声
· 定时器铃声

· 需要的其他类型的声音，比如银行、邮局、医院等地在广播顾客名字的时候，通过触碰来通知主人
· 汽车等的鸣笛、自行车铃声，提示来自身后的危险声音

你知道吗？所有的导听犬都是从流浪犬中挑选、训练而成的！当一只导听犬真正服务于一位听障人士，成为他的伙伴时，意味着它也找到了温暖的家。如果我们在外面看到身穿橘红色披风正在工作的导听犬，请不要去打扰它们，这样狗狗工作时才会更专注！

导盲犬
它让世界多彩美丽

　　世界上很多国家都有导盲犬协会，协会培育训练导盲犬并将其免费提供给有视力障碍人士。很多狗狗经过训练后能够承担导盲任务，其中金毛犬及拉布拉多犬是最多的。这两种犬体型适中，便于牵引；性格温驯平和，不易受外界刺激的影响，不会随便离开自己的主人。

　　经过训练的导盲犬会在遇到路障时停止前行，并向自己的主人发出警报，观察路况后，引领主人安全通过。

四不：

　　不喂食：千万不可以喂导盲犬吃东西！一旦导盲犬接触人类的食物，就容易受食物影响而分心，使主人遭遇危险！

　　不抚摸：请勿在未告知主人的情况下随意抚摸，行进中的导盲犬会因此而分心。

　　不呼唤：请勿故意发出任何声音吸引导盲犬的注意，避免导盲犬分心而使主人遭遇危险。

　　不拒绝：导盲犬是视力残障人士的眼睛，拒绝导盲犬陪同进入会造成视力残障人士极大的不便。

一问：

　　主动询问：当遇到视力残障人士带着导盲犬时，无论是否有人陪同，请主动询问是否需要帮助，征得同意后再提供协助。

连线题

读一读，将图片与相符文字内容连线。

1. 在寒冷地区，人类用它们来拉动最原始的交通工具——雪橇。

2. 帮助听障人士，充当他们的"耳朵"的狗狗。

3. 工作范围非常广泛，包括在自然灾害现场搜索与救援失踪人的犬。

4. 应用于处置突发性事件和负责在重点区域巡逻的犬。

七、你是狗狗 小主人吗？

狗狗在现代家庭当中，主要的工作就是陪伴孩子好好长大。要想保证狗狗在家庭生活中生活幸福，首先要给它一个"身份证"，即定期带它免疫接种狂犬病疫苗；除此以外，要对它们进行训练，使它们能尽快适应家庭生活。

每个家庭都是不一样的，每个人的要求也不同。比如说，妈妈不让狗狗上沙发，但你也许希望和它一起这么做。狗狗的行为都是出于本能，它们搞不懂大家不同的要求。所以，在狗狗的训练当中，很重要的一点，就是所有家庭成员必须认可某一条家庭规则，所有的人都向狗狗发布同样的指令，只有这样，狗狗才能知道自己应该怎样做。

① 请给狗狗清晰的指示

当确定了一种家庭规则时，所有家庭成员都应该使用同一种训练方式。比如说：让狗狗从沙发上下来，那么每个人给狗的下达指令应该都是"下来"。如果用其他的词汇，就意味着不同的意思，那狗狗就有可能不会从沙发上面下来哦！

② 保证狗狗的游戏时间

游戏对于狗狗来说是非常重要的，通过游戏它们能够发展自然的天性，小狗同时也能学习社交技巧。玩耍给了狗狗释放能量的机会，使它们的大脑更聪明，更懂得适应家庭并与家庭成员建立关系。

3 给予狗狗爱与关注

狗狗展现给我们它们的忠诚和关爱。它们也同时希望能够得到我们的爱，经常受到抚摸，得到正确的照顾。

4 不要惩罚狗狗

狗狗的行为出于本能，教会它们服从非常重要。在狗狗表现好的时候一定要及时给予它们奖励。而体罚狗狗只能使情况变得更糟，通常它们不明白为什么受到责打，只能使它们变得紧张、不安。

5 保证狗狗的睡眠时间

一只狗狗需要一个属于它自己的地方来睡觉。可以为它们准备一张床或是一个舒服的垫子，让它们能够美美地休息而不被打扰。当它第一次加入我们的家庭当中时，一个安静祥和的环境能让它很快适应。

　　和我们人类一样，狗狗的成长也不是一帆风顺的。作为小主人，如果你是第一次养狗，新手上路，最好先学习一些科学的养狗知识，对狗狗的品种、日常照顾知识和易患的疾病做一些了解。狗狗要通过正当的渠道领养或购买，并请爸爸妈妈问清狗狗疫苗注射的情况，这些条件可以保证你带一只健康的狗狗进家。

　　狗狗进家之后，更要小心谨慎，精心喂养哦！以便让它们顺利度过进入家庭的最初阶段！

狗狗不能吃的食物

巧克力

喂食巧克力会使狗狗出现可可咖啡中毒症状，如较严重的流口水、心跳加快、呕吐、腹泻等现象，有时还会导致狗狗昏迷。

禽类骨头

狗狗不能吃鸡、鸭等禽类的骨头。因为这类骨头是中空的结构，非常容易咬碎，会划伤狗狗的食管或胃，引起出血性下痢。

大量肝脏类食品

喂食大量肝脏类食品会引起狗狗维生素 A 中毒。

洋葱

洋葱会引起狗狗二氧化硫中毒。

小主人要按照狗狗不同的年龄段及品种为它们选择营养均衡的专用宠物食品，譬如皇家宠物食品。人类食用的东西不能随便喂狗狗吃！

要养成定时喂食的习惯，平时不要随便喂它吃零食，以免造成狗狗胃肠消化不良或引起腹泻。

狗狗所用器皿、毛巾、用具等必须洗干净，保持卫生，可减少患病的机会。

8周以上的狗狗就可以洗澡了！要注意浴室内的温度，洗完澡要用吹风机吹干，以免患上皮肤病和感冒。

爱它就要牵着它！

多带狗狗晒太阳，并保证狗狗在户外的安全！带狗狗出门一定要系犬链哦！一条小小的牵引带，不仅可以避免狗狗打架、乱吃脏东西，更能避免狗狗乱跑而出现车祸等意外情况的发生哦！

判断题

1. 狗狗喜欢整天都在家里。（   ）

2. 很多狗狗都喜欢一天出去很多次。（   ）

3. 当狗狗初次进入你家时，它已经知道你的家庭规则了。（   ）

4. 教会狗狗在家庭中什么是对的、什么是错的是很重要的。（   ）

5. 家庭成员对狗狗发布指令时应该保持一致。（   ）

6. 只要我们使用意思相近的词语，狗狗就知道我们说的是什么。（   ）

7. 狗狗喜欢胸前被挠痒痒。（   ）

8. 狗狗不喜欢被掐折脖子。（   ）

9. 玩耍是儿童的专利，不属于狗狗。（   ）

10. 玩耍的时候狗狗可以学习很多技能。（   ）

11. 狗狗需要属于它们自己的舒适睡觉环境，并不被打扰。（   ）

12. 狗狗需要几天时间来适应它睡觉的环境。（   ）